BEI GRIN MACHT SICH IHR WISSEN BEZAHLT

- Wir veröffentlichen Ihre Hausarbeit,
  Bachelor- und Masterarbeit

- Ihr eigenes eBook und Buch -
  weltweit in allen wichtigen Shops

- Verdienen Sie an jedem Verkauf

Jetzt bei www.GRIN.com hochladen und kostenlos publizieren

Robert Schich

Veranschaulichung von Spannung in der Schulphysik

GRIN Verlag

Bibliografische Information der Deutschen Nationalbibliothek:

Die Deutsche Bibliothek verzeichnet diese Publikation in der Deutschen National-bibliografie; detaillierte bibliografische Daten sind im Internet über http://dnb.d-nb.de/ abrufbar.

Impressum:

Copyright © 2010 GRIN Verlag, Open Publishing GmbH
Druck und Bindung: Books on Demand GmbH, Norderstedt Germany
ISBN: 978-3-640-84479-1

Dieses Buch bei GRIN:

http://www.grin.com/de/e-book/167927/veranschaulichung-von-spannung-in-der-schulphysik

GRIN - Your knowledge has value

Der GRIN Verlag publiziert seit 1998 wissenschaftliche Arbeiten von Studenten, Hochschullehrern und anderen Akademikern als eBook und gedrucktes Buch. Die Verlagswebsite www.grin.com ist die ideale Plattform zur Veröffentlichung von Hausarbeiten, Abschlussarbeiten, wissenschaftlichen Aufsätzen, Dissertationen und Fachbüchern.

Besuchen Sie uns im Internet:

http://www.grin.com/

http://www.facebook.com/grincom

http://www.twitter.com/grin_com

Fakultät für Mathematik und Naturwissenschaften

Institut für Physik

Professur für Didaktik der Physik

Übung: Einführung in die Didaktik der Physik I

Semester: Sommersemester 2010

Modul: Ph-Exp-PhD-I

„Besonders schwierig"[1]? Die Elektrizitätslehre und ihre Schwierigkeiten

Veranschaulichung von Spannung im Physikunterricht

Vorgelegt von: Robert Schich

Studiengang: Lehramtsbezogener Bachelor allgemeinbildende Schulen

Datum: 26.07.2010

---

[1] Koller. D. u.a.: Einführung von Stromstärke und Spannung. S. 6.

Inhaltsverzeichnis

1. Einführung – Allgemeines zur Thematik

„Die Spannung löste sich, als Özil traf."[2] Was meinte Tom Bartels in diesem konkreten Fall, als er im letzten Vorrundenspiel der Fußball Weltmeisterschaft Deutschland gegen Ghana auf diese Art den 1:0 Siegtreffer der deutschen Nationalmannschaft kommentierte? Kann Spannung sich überhaupt lösen? Wenn man im Internet recherchiert oder im Alltag seine Aufmerksamkeit für das Wort Spannung sensibilisiert, fällt erst auf, wie vielseitig dieser Begriff sein kann und in welcher Häufigkeit man ihm begegnet. Spannung kann in der Mechanik die auf eine „Verformungskraft pro Flächeneinheit"[3] bezogen werden, darunter können unter anderem „Scherspannung"[4], „Zugspannung"[5] oder „hydraulische Spannung"[6] verstanden werden. Auch gibt es den Begriff der „Anspannung" oder „Entspannung"[7] im medizinischen Sinne in Bezug auf psychische Belastungen oder physische Beanspruchung der Muskulatur. Diese wenigen Beispiele zeigen bereits, dass der Begriff Spannung multifunktional ist. Im Folgenden soll jedoch der Fokus auf dem Begriff der elektrischen Spannung, der Stromstärke und deren begrifflichen und bildungstheoretischen Schwierigkeiten liegen. Die vorliegende Ausarbeitung beschäftigt sich mit der von „Lehrkräften als besonders schwierig eingeschätzt[en]"[8] Thematik der Elektrizitätslehre im Physikunterricht, unter besonderer Hervorhebung der Einführung des Spannungs- und Stromstärkenbegriffs. Die Vielzahl der Modelle und deren Analogien soll hier nach eigenen Vorstellungen differenziert und strukturiert werden, sodass eine Vorstellung und ein Vorschlag zur Unterrichtseinführung erarbeitet wird, der die aus dem Alltag stammenden Fehlvorstellungen der Schüler[9] reduziert und ihnen das „richtige" physikalische Verständnis für dieses Themengebiet ermöglicht. Zum Zwecke des Verständnisses der Lehrenden, sollen auch Fehlvorstellungen präsentiert werden, um eine Prävention für weitere Lernschwierigkeiten darzustellen.

In den meisten Lehrplänen ist die Einführung der Elektrizitätslehre mit dem Ziel der Differenzierung und Definition der Begriffe Spannung und Stromstärke für die siebte Klasse

---

[2] Zitiert in Spiegel Online: www.spiegel-online.de Zugriff am 20.07.2010
[3] Halliday, David u.a.: Halliday Physik. 2. überarbeitete Auflage. Weinheim 2009. S. 371.
[4] Ebd. S. 371.
[5] Ebd. S. 371.
[6] Ebd. S. 371.
[7] Vgl. Gesundheitslexikon online. Juni 2002. http://www.gesundheitslexikon.de/ghl_arznei_anspannung.html Zugriff am 20.07.2010
[8] Koller. D. u.a.: Einführung von Stromstärke und Spannung. S. 6.
[9] Im Folgenden wird ausschließlich das Maskulinum verwendet. Dies soll dem flüssigeren Lesen dienen und stellt keineswegs eine Diskreditierung oder Diskriminierung des weiblichen Geschlechts dar.

angestrebt.[10] Aus diesem Grunde fällt vor allem auch der didaktischen Vermittlung der Inhalte eine besondere Rolle zu, da die Heranwachsenden im Alter von circa 13 oder 14 Jahren oft Schwierigkeiten mit der abstrakten Vorstellung von Elektrizität besitzen.

2. Fehlvorstellungen und Lernschwierigkeiten bei Schülern

Wie bereits erwähnt, besitzt das Thema Elektrizitätslehre und besonders der Begriff der elektrischen Spannung eine spezielle Schwierigkeit im Vorstellungsvermögen Jugendlicher.[11] Diese ist sogar so schwerwiegend, dass auf internationaler Ebene ein Workshop mit dem Namen „Aspects of Understanding Electricity"[12] gegründet wurde, welche 1984 Ergebnisse der Schwerpunktforschung der Elektrizitätslehre bei Schülern vorstellte. Dieser kam unter anderem zu folgenden Ergebnissen:

Von Alltagssprache und medialem Einfluss geprägt, denken Schüler oft, dass eine Leitung zwischen Generator und elektrischem Gerät ausreichend wäre[13], denn im Haushalt ist meist auch nur eine Leitung (beziehungsweise ein Kabel) von der Steckdose zum Gerät zu sehen. Außerdem erscheint diese Vorstellung in folgendem Sinne gar nicht abwegig, da der Strom vom Gerät „verbraucht" wird. Dies ist allerdings eine weitere Fehlvorstellung, die vor allem von der Alltagssprache verstärkt wird. Denn die Eltern oder die Medien sprechen häufig vom „Stromverbrauch"[14]. Unterstützt wird diese Vorstellung vor allem aufgrund der Tatsache, dass zu sehen ist, dass eine Batterie irgendwann „leer" ist.[15] Es erscheint also „sinnlos", dass der Strom auch wieder zurück in die Batterie oder Energiequelle kehrt. Durch die „Verbrauchsvorstellung" des Stroms, entsteht auch die Vermutung, dass bei in Reihe geschalteten Lämpchen, die erste am hellsten und die letzte am dunkelsten leuchtet.[16] Schließt man im Unterricht eine zweite Leitung von der Energiequelle an die „Energiesenke"[17] (zum Beispiel ein Lämpchen), so leuchtet dieses. Die Erklärung, welche von den meisten Schülern dafür geliefert wird ist, dass das Lämpchen jetzt von beiden Seiten mit Strom versorgt wird und somit genug Strom hineinfließt, sodass es leuchten kann.[18] Weiterhin denken die Schüler,

---

[10] Vgl. Sächsisches Staatsministerium für Kultus: Lehrplan. S. 13 und S. 15.
[11] Vgl. Koller. D. u.a.: Einführung von Stromstärke und Spannung. S. 6.
[12] Ebd. S. 6.
[13] Vgl. ebd. S. 6.
[14] Ebd. S. 6.
[15] Vgl. ebd. S. 6.
[16] Vgl. ebd. S. 6.
[17] Dahncke, H./Götz, R./Langensiepen, F. (Hrsg.): Handbuch des Physikunterrichts Sekundarbereich I, in: Band 5: Elektrizitätslehre I, Köln 1992. S. 43.
[18] Vgl. Koller. D. u.a.: Einführung von Stromstärke und Spannung. S. 6.

dass die Spannungsquelle, unabhängig von den angeschlossenen Geräten, immer die gleiche Stromstärke liefert.[19] Diese Vorstellung koppelt sich auch an das sogenannte „lokale Denken"[20]. Hierbei zeigt sich, dass die Schüler, bei Parallelschaltungen im Stromkreis, der Meinung sind, der Strom würde sich auf die Lämpchen aufteilen (siehe Abbildung 1). Eng damit verbunden spricht man auch vom „Sequenziellem Denken" der Schüler.[21] Dieses bezeichnet die Vorstellung, Widerstände im geschlossenen Stromkreis würden, wenn sie nach dem Energiesenker platziert werden, keinen Einfluss auf die Stromstärke im eben diesem haben (siehe Abbildung 2). Bei diesem speziellen Beispiel würde das bedeuten, dass R_2 keinen Einfluss auf die Helligkeit des Lämpchens hätte, denn „der Strom ist ja schon durch"[22]. Ähnliches gilt für die Problematik, dass von den Jugendlichen oft nicht realisiert wird, dass die Spannung und die Stromstärke Differenzgrößen sind.[23] Dies hat zur Folge, dass die Schüler annehmen, die Stromstärke oder die Spannung hätten nur an einem bestimmten lokalen Punkt des Stromkreises den besprochenen Wert oder die genannten Eigenschaften. Zuletzt sei noch darauf hingewiesen, dass ein wesentliches Problem, bei der Vorstellung und der Einführung der Stromstärke und der Spannung darin besteht, dass diese Begriffe als Synonyme verwendet werden oder dies zumindest gedacht wird. Beispielsweise wird oft vermutet, die Spannung sei nur eine zusätzliche Eigenschaft der Stromstärke, zum Beispiel die Stärke der Strömung des Stroms.[24]

Anhand dieser Darstellung wird klar, dass das Aufklären der Begrifflichkeiten und die Differenzierung von Stromstärke und Spannung, anspruchsvolle Aufgaben für jeden Physiklehrer sind und sein werden. Es wird deutlich, dass Schüler oftmals mit falschen Vorstellungen in den Unterricht kommen, vor allem auch durch den Gebrauch der Begriffe in Form von Synonymen im Alltag, sodass sich eine Herausforderung bietet, die von den Lehrenden verantwortungsvoll und zielstrebig wahrgenommen werden muss. Wie dies potentiell geschehen kann, soll im nächsten Abschnitt geklärt werden.

---

[19] Vgl. ebd. S. 6.
[20] Ebd. S. 6.
[21] Vgl. ebd. S. 6.
[22] Ebd. S. 6.
[23] Vgl. ebd. S. 6.
[24] Vgl. ebd. S. 6f.

3. Eine gelungene Einführung – Modelle zur Einführung im Physikunterricht

Da es, aus didaktischer Sicht, von zentraler Bedeutung ist, den Lernenden nicht nur mittels Frontalunterricht und Fachwissen zu belehren, sondern ihn zur Selbsttätigkeit zu motivieren[25], sollten Bildungsinhalte (hier: Modelle und Experimente) mit Bedacht gewählt werden. Es gilt, „den Schülern [zu] helfen, selbst geeignete Vorstellungen über die Vorgänge in elektrischen Leitungen und elektrischen Anlagen zu entwickeln."[26], sie also nicht nur von Fehlvorstellungen, wie oben aufgezeigt, zu befreien, sondern sie auch „zu einer naturwissenschaftlich-technischen Bildung von nachhaltiger Dauer"[27] zu bringen. Entsprechende Analogien helfen dabei, die Vorgänge im elektrischen Stromkreis besser und vor allem „richtig", zu verstehen und zu verinnerlichen, bergen jedoch auch immer die Gefahr, der Fehldeutung des Lernenden. Außerdem ist es möglich, dass die Schüler mit dem vorgestellten Modell keine Analogie zum Lernziel herstellen können und somit aus Motivationsgründen („Warum behandeln wir überhaupt so etwas?!") keine oder nur geringe Fortschritte machen. Weiterhin ist zu sagen, dass diese Modelle „für sich selbst stehend" meist nicht ausreichen, um dem Lernenden gänzlich das Wissen zu vermitteln, welches er zum vollständigen Verständnis benötigt, da Modelle immer Analogien vermitteln und keine Analogie (zumindest nicht für die Elektrizitätslehre) zu einhundert Prozent übertragbar ist. Vor allem, weil als Analogie immer die Mechanik dient und die Elektrizitätslehre kein Bestandteil eben dieser und somit auch nicht vollends (auch nicht durch ein Modell) vollständig übertragbar ist.

3.1 Modelle

Ein recht simples Beispiel für ein Modell ist der Transfer einer Benzinversorgung einer Stadt. Dieses Beispiel (In diesem Fall spreche ich *nicht* von einem Modell, da diese Versinnbildlichung so simpel ist, dass es nur zur Unterstützung in etwaigen Fällen dienen kann und eventuell als Einführung oder als Verallgemeinerung nach den etwas spezielleren, noch folgenden Modellen, vom Lehrenden zu illustrieren ist. Ich habe mich allerdings entschieden, diesen Fall mit ein zu beziehen, da ich der Meinung bin, dass es ein sehr einfaches und gut nachzuvollziehendes Bild schafft.) versucht, grobe Kenntnisse eines

---

[25] Vgl. Meyer, H. in Jank, W./Meyer, H.: Didaktische Modelle. 9. Auflage. Berlin 2009. S. 86.
[26] Dahncke, R. u.a.: Handbuch des Physikunterrichts Sekundarbereich I. S. 55.
[27] Knoll, K.: Didaktik der Physik. Theorie und Praxis des Physikunterrichts in der Sekundarstufe I. 2. Auflage. München 1978. S. 21.

„Kreislaufes" zu schildern. Gesprochen wird in diesem Zusammenhang von einer Ölquelle beziehungsweise Raffinerie, welche mit der Energiequelle gleichzusetzen ist. Wenn nun Schiffe, welche die Analogie zu Ladungsträgern und dem „Fluss" (Analogie: „Stromfluss") darstellen, die Ressource in das Land transportieren, kann diese dort als Energie umgesetzt werden (Beispiel: Auto betanken). Die Schiffe müssen nun „leer" wieder zurück zur Energiequelle fahren und sich wieder neu betanken. Widerstände können zum Beispiel mittels Unwettern oder Ähnlichem dargestellt werden.

Da dieses Beispiel sehr allgemein ist und den Schülern nur in entferntem Sinne einen Rückschluss, vor allem auf die Differenzierung von Spannung und Stromstärke, bietet, sollte der Lehrende sich nicht zu lange daran aufhalten, sondern sollte es höchstens nutzen, um es als Einführung in die Thematik zu gebrauchen und eine schnelle Überleitung zu den folgenden Modellen, welche eine Präzisierung der Problematik schaffen, herzustellen.

3.2 Der Wasserstromkreis

Der Wasserstromkreis ist nicht eines der aktuellsten Modelle, welches zur Veranschaulichung des elektrischen Stromkreis' dient, jedoch wird er in einigen Bundesländern der Republik (zum Beispiel Baden-Württemberg) noch immer von vielen Physiklehrern angewendet und von Fachdidaktikern empfohlen, weil es unter anderem „fast immer zu den richtigen Schlussfolgerungen [führt]"[28] und „die Verhältnisse so gut trifft"[29]. Sinnvoll ist es hier, gemeinsam mit den Schülern sowohl das Modell selbst, als auch die Analogien zu erarbeiten. Dafür kann es nützlich sein, das Modell anzuzeichnen oder per Medieneinsatz (Overhead Projektor oder Beamer) wie in Abbildung 3 vorzugeben. Es wird empfohlen, zusammen mit den Schülern die Analogien mittels einer Tabelle zu erarbeiten und gegenüber zu stellen. Diese kann wie folgt aussehen:

---

[28] Dahncke, R. u.a.: Handbuch des Physikunterrichts Sekundarbereich I. S. 32.
[29] Ebd. S. 32.

	Wasserstromkreis	Elektrischer Stromkreis
Bauteil:	Mit Wasser gefüllte Schläuche -> Leitungen	Leitungen -> Kabel
Bauteil:	Pumpe	Energiequelle (z.b. Batterie)
Bauteil:	Wasserrad/Generator	Energiesenker (z.b. Glühlampe)
Bauteil:	Engstelle	Widerstand
Bauteil:	Ventil	Schalter
Antrieb:	Druck- und/oder Höhendifferenz an der Pumpe	Potenzialdifferenz zwischen den Polen
Auf was wirkt der Antrieb:	Wasservolumen V	Elektrische Ladung Q

Auf diese Aufzeichnungen können die Schüler, falls sie eine Analogie im Umgang mit dem elektrischen Stromkreis benötigen, stets zurückgreifen um eine bildhafte Vorstellung zu erhalten. Der Lehrende kann mit diesem Modell einige fehlerhafte Vorstellungen abbauen, zum Beispiel das sequenzielle Denken. Wird die Engstelle entfernt (diese kann durch Zusammendrücken des Schlauchs simuliert werden), ist zu beobachten, dass der Generator beziehungsweise das Wasserrad weiterhin mit gleicher Geschwindigkeit rotieren. Ebenso verhält es sich, wenn ein weiterer Schlauch hinzugefügt wird, um eine Parallelschaltung zu simulieren. Allerdings ist zu sagen, dass die Übertragung beziehungsweise der Analogieschluss zum elektrischen Stromkreis nicht ausschließlich von den Schülern selbst durchgeführt, sondern durch den Lehrenden an- beziehungsweise hergeleitet werden sollte.[30] Des Weiteren ist es wichtig, den Schülern eine Differenzierung von Stromstärke und Spannung zu liefern. Es ist unter anderem möglich, die Stromstärke als „Einheiten pro Zeiteinheit" darzustellen, indem man den Bezug zum Wasserstromkreis wählt und erklärt, dass diese angibt „Wie viel Wasser(volumen) in einer bestimmten Zeit durch den Schlauch strömt" und dies dann auf die Ladung(sträger) bezieht. Dann kann man auch die Formel

$$I = \frac{Q}{t}$$ einführen. Ähnliches gilt für die Spannung. Dass die Spannung die Änderung des Potentials und somit die Potentialdifferenz „vor und hinter" dem Energiesenker ist, bedingt jedoch, dass der Lehrende auch das Potential einführt. Vermittelt werden sollte auf jeden Fall,

---

[30] Vgl. Kienle, R. u.a.: Wassermodell, in: 2006. S. 39.

dass die Spannung die von den Ladungsträgern verrichtete Arbeit (dabei kann man auch den Bezug auf die Energieübertragung von elektrischer auf thermische beziehungsweise „Lichtenergie" des Glühdrahts nehmen) ist um, nach Ermessen, die Formel $U = \frac{W}{Q}$ einzuführen. (Es wäre auch möglich, wenn auf die Energieübertragung, die für die Schüler an der Lampe gut wahrnehmbar ist, eingegangen wird, die Formel $E = e * U$ einzuführen, jedoch würde dies die Elementarladung voraussetzen, die in der siebten Klasse oft noch nicht besprochen wurde.) Wichtig ist dabei, dass die Differenzierung zwischen Spannung und Stromstärke stattfindet.

Der Wasserstromkreis als Modell und Analogie zum elektrischen Stromkreis steht schon seit längerem in der Kritik. Unter anderem benötigen die Schüler Grund- und Vorkenntnisse zu Wasserkreisläufen und deren Strömungsverhältnissen. Oftmals sind im Voraus nicht „alle Unklarheiten beseitigt" und es kommt somit zu falschen Analogieschlüssen, was zu Missverständnissen auch bei dem elektrischen Stromkreis führt.[31] Außerdem ist der Sachverhalt der Druckdifferenz, die von der Pumpe erzeugt wird, widersprüchlich zur Potentialdifferenz im elektrischen Stromkreis, da diese beinahe unabhängig von der anliegenden Stromstärke ist.[32] Es kann also passieren, dass sich zwei verschiedene Vorstellungen von Kreisläufen entwickeln, die zum Teil nicht korrespondieren oder sogar widersprüchlich sind. Somit würde die Analogie mittels Wasserkreislauf nur weitere Unklarheiten für die Schüler aufwerfen.

3.3 Höhenmodell - Das Stäbchenmodell

Aktueller als der Wasserstromkreis, ist das Stäbchenmodell. Dieses wurde im letzten Jahrzehnt stets präzisiert. Ergebnis war, dass „Beide Untersuchungen [nach]wiesen, dass der Potentialansatz eine sehr erfolgreiche Möglichkeit ist, die Grundbegriffe der Elektrizitätslehre einzuführen."[33]. Vorrangig kann das Stäbchenmodell genutzt werden, um den Schülern eine konkrete Vorstellung von den Begriffen „Potential", „Potentialdifferenz" und „Spannung" zu vermitteln. Wie in Abbildung 4 und Abbildung 5 zu sehen, ist die Energiequelle mit der Energiesenke durch sogenannte „Stäbchen" verschiedener Höhen verbunden. Die Stäbchen stehen jeweils auf kleinen Elementen, welche beschriftet werden/sind, um die Bauteile, wie

---

[31] Vgl. Koller. D. u.a.: Einführung von Stromstärke und Spannung. S. 7.
[32] Vgl. ebd. S. 39.
[33] Ebd. S. 8.

zum Beispiel die Batterie oder die Lampe, zu verdeutlichen. Anhand dieses Aufbaus, kann den Schülern, mittels Höhendifferenz, die Potentialdifferenz und somit auch die Spannungsänderung am jeweiligen Bauteil erklärt werden. Bei Reihenschaltung, wie Abbildung 4 zeigt, wird gezeigt, dass das Potential gleichmäßig von Lampe zu Lampe abnimmt, somit die Verteilung auf alle in Reihe geschalteten Lampen gleich ist und nach der „Letzten" das Potential beziehungsweise die Spannung bei „Null" ist. Dies verdeutlicht den Schülern, dass am Pluspol einer Batterie oder eines Netzgeräts das Potential höher ist, als am Minuspol und der Strom somit immer vom Plus- zum Minuspol „fließt".[34] Bei der Parallelschaltung ist das Potential, zwischen den Verzweigungspunkten, für jeden Schüler gut erkennbar, gleich und nimmt erst zum nächsten, folgenden, in Reihe geschalteten, parallel geschalteten Lampenpaar ab (siehe Abbildung 5: Schritt vom orangenen Lampenpaar zum grünen Lampenpaar). Des Weiteren zeigt das Modell den Sachverhalt, dass an zwei Stellen im Stromkreis, welche nur durch eine Leitung miteinander verbunden sind, das Potential jeweils gleich ist.[35] Das Stäbchenmodell ermöglicht, wie Abbildung 4 und 5 verdeutlichen, verschiedene Kombinationsmöglichkeiten von Reihen-, Parallel- und gemischten Schaltungen, mittels ständiger Veranschaulichung, was ein müheloses Nachvollziehen der Schüler in Bezug auf die jeweilige Schaltkombination mit sich bringt. Das Stäbchenmodell ermöglicht außerdem produktive Gruppenarbeit und eignet sich hervorragend für das Anfertigen von Zeichnungen beziehungsweise Arbeitsblättern, auf welchen zum Beispiel nochmals Schaltskizzen abgebildet sein können, welche mittels Einsatz verschiedener Farben von den Schülern bearbeitet werden können, sodass die Potentialdifferenzen deutlich werden und eine intuitive Erschließung der Sachverhalte, ohne Rechnungen und anfangs auch Formeln, ermöglicht wird. Nach Einführung des Modells ist eine experimentelle Überprüfung oder Festigung zu empfehlen, um einen direkten Bezug auf den elektrischen Stromkreis herzustellen.

Die hier aufgezeigten Vorteile wurden auch in einer Studie belegt, in der zwei siebte Klassen eines Gymnasiums mittels Stäbchenmodell unterrichtet wurden und anschließend mit einem Test deren Wissenstand geprüft wurde. Es stellte sich heraus, dass die Ergebnisse in fast allen Aufgaben deutlich erfolgreicher gelöst wurden, als von einigen zehnten Klassen aus dem Jahre 1986.[36]

---

[34] Vgl. ebd. S. 11.
[35] Vgl. ebd. S. 11.
[36] Vgl. ebd. S. 18.

Wie anfangs erwähnt, haben die Modelle nicht nur Vorteile, da deren Analogien nie vollständig alle Sachverhalte erschließen können. Beispielsweise können im Stäbchenmodell nur sehr schwer, oder eher gar nicht, Stromstärken und Widerstände verdeutlicht werden.

Abschließend ist zu den vorgestellten Modellen zu sagen, dass für die Lehrenden immer klar sein sollte, dass die Kombination verschiedener Methodiken und Modelle eine Grundthese des Unterrichts sein sollte. Es ist wichtig, Unterrichtsansätze möglichst polyvalent zu gestalten, um eventuellen Fehlvorstellungen vorzubeugen und Gewissheit über den wissenschaftlichen Gegenstand auf Seiten der Schüler zu schaffen. Auch und vor allem wegen individueller Komponenten im Unterricht („anthropogene" und „sozio-kulturelle Bedingungen"[37]) kann es häufig zu Auffassungsschwierigkeiten kommen, denn jeder Schüler hat ein individuelles, unterschiedliches Verständnis. Dieses gilt es mittels verschiedener Erklärungsarten und –formen zu erreichen.

4. Anwendung im Alltag – Elektrizität an Beispielen

Da es für Schüler, und das meine ich aus eigener Erfahrung, oft langweilig und weniger interessant erscheint, Unterrichtsinhalte lediglich in der Theorie zu besprechen, sollte versucht werden, die Thematik erfahrbar zu machen. Dies kann beim einfachen Fahrraddynamo geschehen, indem man dessen Wirkungsweise erklärt, was sich bei der Verwendung des Wassermodells in Bezug auf das Wasserrad natürlich besonders anbieten würde, oder an Beispielen, wie der elektrischen Entladung an der Rolltreppe. Viele der Schüler haben derartige Phänomene schon des Öfteren erlebt und können so den Zusammenhang zur Theorie, welche im Unterricht gelehrt wird, herstellen. Dies ist gerade bei der Elektrizitätslehre besonders wichtig, da diese Thematik für viele Schüler sehr abstrakt ist. So ist es beispielsweise möglich, das Interesse und den Spaß an der Physik zu wecken, denn viele Schüler erfreuen sich auch daran, im Alltag nicht „ganz normale Dinge" erklären zu können. Natürlich muss auch auf die Gefahren, welche die Spannung und die Stromstärke mit sich bringen, hingewiesen werden. Einführend kann die Influenzmaschine genutzt werden, um zu zeigen, dass auch durch Reibung hohe Spannungen erzeugt werden können. Wichtig dabei ist, zu zeigen, dass die Spannung und die Stromstärke differenziert werden müssen. Trotz hoher Spannung, die sich in den kleinen Blitzen entlädt, muss dringend darauf hingewiesen werden, dass diese ausschließlich nur deshalb (relativ) ungefährlich sind, weil die Stromstärke in

---

[37] Vgl. Heimann, P. in Jank, W./Meyer, H.: Didaktische Modelle. 9. Auflage. Berlin 2009. S. 263.

diesem Fall sehr gering ist. Anders hingegen verhält es sich mit Hochspannungsleitungen. Es sollte darauf hingewiesen werden, dass diese sehr gefährlich sind, da nicht nur eine hohe Spannung, sondern auch hohe Stromstärken vorhanden sind. In Anbetracht dieses Aspekts würde es sich empfehlen, über Gefahrenhinweise (wie Symbole oder Schilder) aufzuklären. Auch das Gewitter, im näheren der Blitz, ist ein für Schüler meist interessantes Beispiel. Die Entstehung, über Teilchenladungen und starke Entladungen in Form von Blitzen, sollte ebenso wie die Gefahr, die von ihnen aus geht, geklärt werden und eventuell über Verhaltensregeln gesprochen werden. Eine Möglichkeit, den Schülern diese Gefahren nahe zu bringen, ist zum Beispiel mit Zeitungsartikeln zu arbeiten. Diese erwirken eine direkte Konfrontation mit der Gefahr und den Risiken und haben einen praktischen Bezug, sodass den Schülern auf authentische Art ein Bild vermittelt wird.

Ziel sollte es sein, ein umfassendes, wissenschaftliches Bild bei den Schülern zu erzeugen, das sowohl den Nutzen, wie auch die Entstehung, als auch die Gefahren und Verhaltensweisen im Umgang mit Elektrizität beinhaltet.

5. Fazit

Diese Ausarbeitung hat gezeigt, dass es eine Vielzahl an Modellen, Methoden, Beispielen und Inhalten gibt, um das Thema der Elektrizität, in Hinblick auf Veranschaulichung von Spannungen im Unterricht, in der siebten Klasse und darüber hinaus einzuführen und zu veranschaulichen. Es fällt auf, dass nur die Kombination verschiedener Unterrichtsinhalte Fehlvorstellungen ausschließen kann, da jede Analogie an bestimmten Stellen Schwachpunkte besitzt.

Mir persönlich würde der Praxisbezug sehr am Herzen liegen, ob nun in experimenteller Form oder an Beispielen und Modellen (auch denkbar wäre hier der Einsatz verschiedener Medienformen, zum Beispiel ein Kurzvideo) wie in Punkt 3 und 4 kurz vorgestellt, da ich denke, dass das Thema Elektrizität nicht nur schwer verständlich für einen 13 oder 14 Jährigen ist, der „Vorbildung" wegen, die aus dem Alltag stammt und oft gar nicht dem entspricht, was dann im Physikunterricht gelernt und gelehrt wird, als auch aufgrund der Tatsache, dass Elektrizität etwas sehr Abstraktes für die Schüler darstellt, weil man sie größtenteils nicht sehen oder „anfassen" kann.

Im Allgemeinen bin ich der Auffassung, dass dieser kurze Überblick doch gezeigt hat, welche Lehrmöglichkeiten es gibt (wenn auch nur ausschnittsweise), welche Gefahren beim Lehren entstehen und wie, aus meiner Sicht, Schwerpunkte zur erfolgreichen Vermittlung und dem angemessenen Verständnis der Schüler zu setzen sind.

6. Literaturverzeichnis

Dahncke, H./Götz, R./Langensiepen, F. (Hrsg.): Handbuch des Physikunterrichts Sekundarbereich I, in: Band 5: Elektrizitätslehre I, Köln 1992.

Halliday, D./Resnick, R./Walker, J./Koch, S.W. (Hrsg.): Halliday Physik. 2. überarbeitete Auflage. Weinheim 2009.

Haspas, K.: Methodik des Physikunterrichts. Berlin 1970.

Kienle, R./ Kirchgessner, G.: Einführung in die Elektrizitätslehre – mit einem druckstabilisierten Wassermodell, in: Praxis der Naturwissenschaften – Physik in der Schule. Ausgabe 6/55. 2006.

Knoll, K.: Didaktik der Physik. Theorie und Praxis des Physikunterrichts in der Sekundarstufe I. München 1978.

Koller, D./Waltner, Ch./Wiesner, H.: Zur Einführung von Stromstärke und Spannung, in: Praxis der Naturwissenschaften – Physik in der Schule. Ausgabe 6/55. 2006.

Meyer, H./Jank, W.: Didaktische Modelle. 9. Auflage. Berlin 2009.

Sächsisches Staatsministerium für Kultus (Hrsg.): Lehrplan Gymnasium – Physik. Dresden 2004/2007/2009.

Internetquellen

Universität Würzburg/Wilhelm, T.: Schülervorstellungen zur Elektrizitätslehre, in: http://www.physik.uni-wuerzburg.de/~wilhelm/Vortraege/Elektrizitaetslehre.pdf Zugriff am 19.07.2010.

7. Anhang

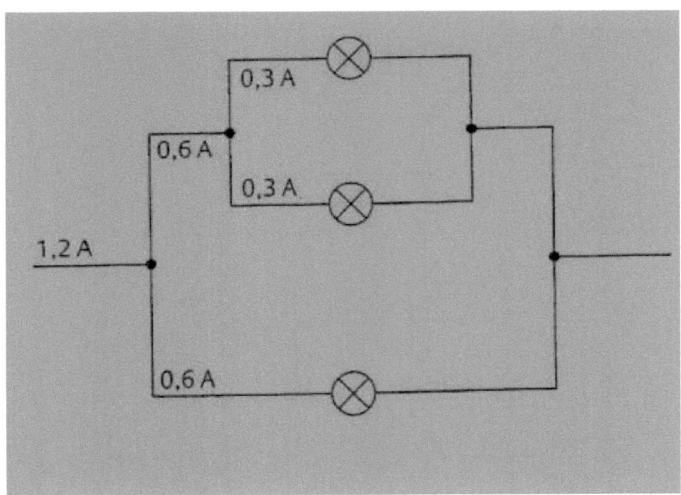

Abbildung 1: Schülervorstellung zur Stromstärke bei Parallelschaltung ("Lokales Denken")

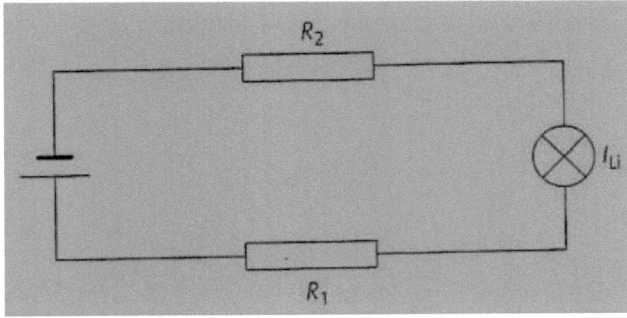

Abbildung 2: Schüler denken oftmals, nur R_1 hätte Auswirkungen auf die Helligkeit des Lämpchens („sequenzielles Denken")

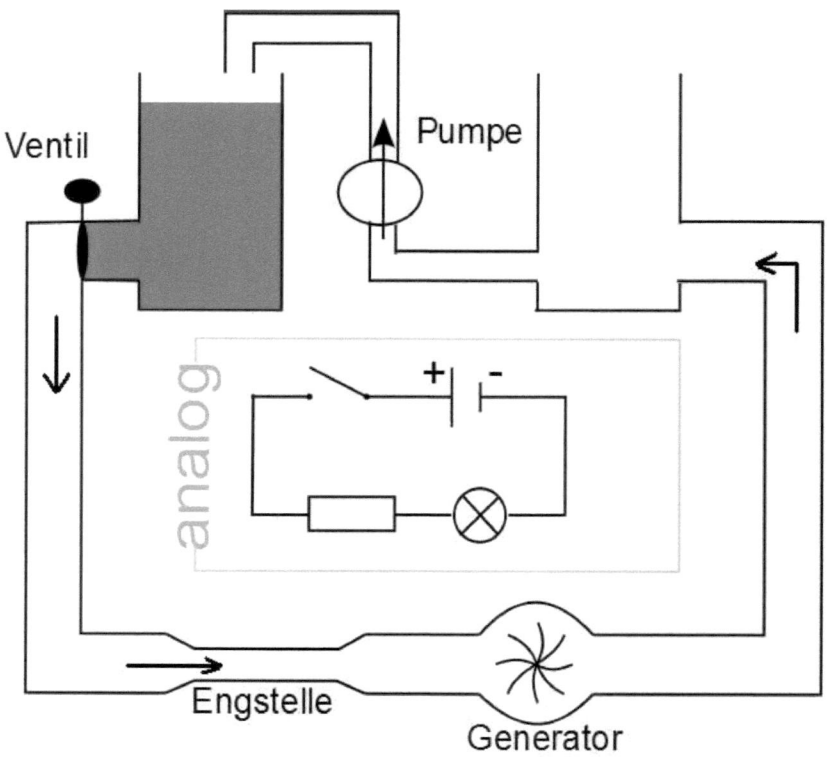

Abbildung 3: Wasserstromkreis mit Analogie (Zeichnung im Zentrum) zum elektrischen Stromkreis

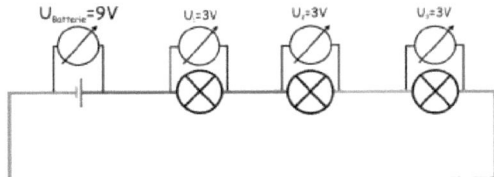

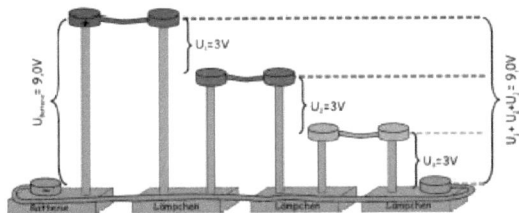

Abbildung 4 Reihenschaltung im elektrischen Stromkreis mit Veranschaulichung mittels Stäbchenmodell

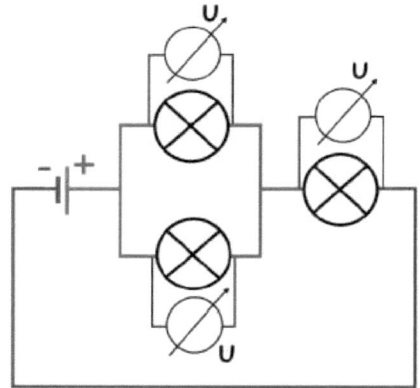

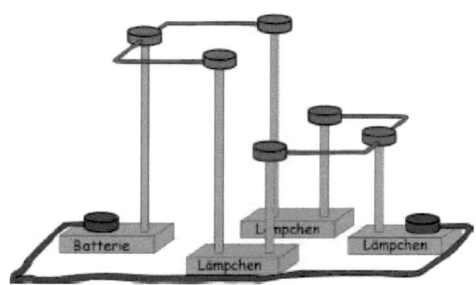

Abbildung 5 Parallelschaltung im elektrischen Stromkreis mit Veranschaulichung mittels Stäbchenmodell